L'argile

au service du corps

Catalogage avant publication de la Bibliothèque nationale du Canada

Huard, Lisa

L'argile au service du corps : soulager, soigner et embellir le corps

(Collection Santé naturelle)

ISBN 2-7640-0712-4

1. Argile – Emploi en thérapeutique. 2. Argile. I. Titre. II. Collection : Collection Santé naturelle (Outremont, Québec).

RM666.C545H82 2004 615'.2 C2003-942047-7

LES ÉDITIONS QUEBECOR
7, chemin Bates
Outremont (Québec)
H2V 4V7
Tél. : (514) 270-1746

Bibliothèque nationale du Québec
Bibliothèque nationale du Canada

Éditeur : Jacques Simard
Coordonnatrice de la production : Dianne Rioux
Conception de la couverture : Bernard Langlois
Illustration de la couverture : SuperStock
Correction d'épreuves : Francine St-Jean
Infographie : Composition Monika, Québec

Nous reconnaissons l'aide financière du gouvernement du Canada par l'entremise du Programme d'Aide au Développement de l'Industrie de l'Édition pour nos activités d'édition.

Gouvernement du Québec – Programme de crédit d'impôt pour l'édition de livres – Gestion SODEC.

Imprimé au Canada

Lisa Huard

L'argile
au service du corps

LES ÉDITIONS
Quebecor
QUEBECOR MEDIA

*Merci à Julie pour son aide précieuse,
ses recettes et ses bons conseils.*

Introduction

L'information contenue dans ce livre ne peut servir pour établir le diagnostic ni le traitement d'une maladie ou d'un malaise, quels qu'ils soient. Quiconque éprouve un malaise, souffre d'une maladie ou d'une blessure devrait consulter un professionnel de la santé. Bien qu'elle soit un remède merveilleux, en aucun cas, donc, l'argile ne peut remplacer un traitement médical prescrit par votre médecin.

Il existe de nombreuses variétés d'argile et des utilisations innombrables ; par conséquent, il serait quasi impossible de les présenter toutes dans cet ouvrage. Nous vous proposons ainsi les variétés d'argile les plus connues et les plus accessibles. Vous trouverez dans ce livre des solutions simples pour utiliser l'argile dans votre quotidien, que ce soit pour aider à soulager différents maux ou pour rehausser votre beauté.

Comme avec tout autre produit naturel, il est important de respecter les quantités d'argile et le temps d'application indiqués. Il est également essentiel de suivre à la lettre la durée du traitement afin d'obtenir de bons résultats.

Première partie

Renseignements généraux

Qu'est-ce que l'argile?

L'argile est un des plus beaux cadeaux que la nature ait fait à l'homme. Alliant la terre, le soleil et l'eau dont elle capte tous les éléments bénéfiques, l'argile est le plus vieux remède. Les allusions à son égard dans l'histoire sont si nombreuses qu'il serait impossible de toutes les énumérer. L'homme a, de fait, utilisé l'argile de bien des façons: matériau de construction, isolant, remède, soin de beauté, etc. Il a découvert surtout que cette merveille de la terre procurait tant d'effets bénéfiques à son corps qu'il serait fou de s'en passer.

L'argile est un produit simple, naturel, peu coûteux et efficace; elle n'a rien à envier aux meilleurs produits cosmétiques issus de nos laboratoires sophistiqués. D'ailleurs, toutes les entreprises de produits de beauté s'en servent abondamment dans la fabrication de leurs soins.

L'argile est extraite à ciel ouvert, puis séchée au soleil. Plus elle a été exposée au soleil et à l'air, plus elle est efficace et active. Mais même sans une telle exposition, l'argile possède des propriétés exceptionnelles et a une action chez tous les individus qui l'utilisent.

Cette roche sédimentaire provient de la lente érosion de matières minérales qui peuvent être aussi dures que le granit. L'argile renferme de l'aluminium et est très riche en sels minéraux et en oligoéléments. Elle peut contenir, selon sa provenance, du silicium, du magnésium, du fer, du sélénium, du zinc, du potassium, du calcium, du manganèse et du phosphore.

Il existe de nombreuses argiles, qu'on peut distinguer selon leurs types et leurs couleurs. La plus connue est très certainement l'argile verte, mais on peut facilement trouver sur le marché de l'argile blanche, de l'argile rouge, de l'argile jaune ou de l'argile grise.

Cette coloration est attribuable principalement aux oxydes de fer qu'elle renferme. Les oxydes ferriques sont responsables de la couleur de l'argile rouge et de l'argile jaune ; les oxydes ferreux sont responsables de la couleur de l'argile verte et de l'argile grise ; quant à l'argile blanche, elle doit sa blancheur à l'aluminium qu'elle contient. Enfin, l'argile rose est un mélange d'argile blanche et d'argile rouge, dont elle hérite de toutes les propriétés.

On se procure l'argile dans les boutiques de produits naturels et dans certaines pharmacies. Je vous suggère d'opter pour un produit dont l'emballage indique la mention « séchée au soleil ». Si l'étiquette ne contient pas cette indication, il est préférable de choisir une autre argile, car la mention « séchée au soleil » est généralement synonyme de qualité. Optez également pour des marques reconnues et n'hésitez pas à poser des questions à un conseiller en produits naturels ou à un professionnel de la santé qui pourra vous renseigner sur la qualité du produit.

Les propriétés de l'argile

L'argile possède une foule de propriétés. Notamment, elle :

- adoucit l'épiderme, le raffermit, l'hydrate et prévient son vieillissement ;
- soulage les brûlures gastriques et intestinales ;
- nettoie et tonifie l'organisme ;
- améliore la circulation ;
- calme les rhumatismes et les douleurs musculaires ;
- constitue un antiseptique naturel qui tue les microbes tout en épargnant les cellules saines qui composent les tissus ;

- joue un rôle d'astringent et de purificateur, accélérant ainsi la régénération des tissus abîmés ;
- désinfecte les affections de la peau et les plaies ;
- capte les impuretés et les éléments indésirables pour les éliminer ou les évacuer ;
- favorise la perte de poids lorsqu'elle est ingérée ;
- absorbe les mauvaises odeurs ;
- a des propriétés dégraissantes sur la peau et les textiles ;
- est un antipoison puisqu'elle élimine les toxines dans le sang et augmente le nombre de globules rouges.

Les types d'argile

Lorsque vous achetez une argile, qu'elle soit en tube prête à l'emploi ou en poudre, vous n'avez qu'à lire sur l'emballage ce qu'elle contient pour découvrir de quel type il s'agit. Des ouvrages spécialisés, des professionnels en médecine douce de même que les personnes travaillant dans les boutiques de produits naturels pourront vous renseigner sur les types d'argile dont nous ne faisons pas mention ici.

Les argiles les plus connues et les plus courantes sont de types montmorillonite ou kaolinite. Nous vous conseillons de baser votre choix sur la couleur de l'argile, qu'elle soit de type montmorillonite ou kaolinite, car elle définit ses propriétés et ses usages particuliers. De plus, en soins de beauté, les couleurs de l'argile sont particulièrement importantes puisque chacune d'entre elles convient à des types de peau bien précis.

Les argiles de type montmorillonite (verte, jaune, rouge ou grise)

La plus connue est certainement l'argile verte, qui est aussi la plus polyvalente. Elle a des propriétés désintoxicantes, reminéralisantes et absorbantes.

La montmorillonite contient de la silice, de l'oxyde de fer, de l'oxyde de manganèse, de l'oxyde de titane, de l'oxyde de magnésium, de la chaux, de la potasse, de la soude et des phosphates.

Les argiles de type kaolinite (blanche ou rouge)

Les argiles kaolinites sont reconnues pour leur action cicatrisante ainsi que pour leurs vertus antibactérienne et anti-inflammatoire. Elles excellent à absorber les toxines, tant en usage interne qu'externe. L'argile blanche est la variété la plus pure.

La kaolinite contient de nombreux minéraux et plusieurs oligoéléments. Elle contient de l'aluminium et est très riche en silice.

De l'argile de toutes les couleurs

L'argile verte

Cette argile est la plus connue et certainement la plus utilisée pour guérir différents maux et pour traiter certaines affections de la peau. Elle convient aux peaux normales comme aux peaux grasses. Elle absorbe les impuretés et régularise les excès de sébum.

À la fois détoxifiante et reminéralisante, l'argile verte participe à l'équilibre de l'organisme et favorise la cicatrisation. Particulièrement riche en minéraux et en oligoéléments, elle possède une action revitalisante incontournable. Ses vertus sédative et relaxante soulagent efficacement la douleur.

On la trouve en tube prête à l'emploi, en poudre ou concassée ; dans ces deux derniers cas, il faut la mélanger avec de l'eau avant de l'appliquer.

L'argile grise

L'argile grise a des propriétés oxygénantes et tonifiantes pour la peau. Comme elle élimine les impuretés, elle apporte éclat et luminosité au teint.

Ingérée, l'argile grise rééquilibre l'organisme et le métabolisme. Ses propriétés sont les mêmes que pour l'argile verte, présentée précédemment.

On la trouve surtout en poudre ou concassée ; il faut donc la mélanger avec de l'eau avant de l'appliquer.

L'argile blanche

Cette argile est surtout conseillée pour les peaux sèches et fragiles. On peut également l'utiliser pour revitaliser les cheveux secs et dévitalisés. Elle peut même remplacer sans problème le talc pour les bébés. Son action est surtout reminéralisante et favorise l'élimination des toxines.

On la trouve en tube prête à l'emploi ainsi qu'en poudre ou concassée ; dans ces deux derniers cas, il faut la mélanger avec de l'eau avant de l'appliquer, sauf si elle est saupoudrée en talc.

L'argile rouge

Ce produit, qui doit sa coloration rouge aux oxydes de fer entrant dans sa composition, est recommandé pour les peaux normales, sèches, sensibles ou fragiles. Il rééquilibre les tissus de la peau tout en éclaircissant le teint.

L'argile rouge est également reconnue pour améliorer la circulation sanguine de même que l'apparence et la santé de la peau. Elle est aussi efficace pour traiter la rétention d'eau.

On la trouve en tube prête à l'emploi ou en poudre (il faut alors la mélanger avec de l'eau avant de l'appliquer). Il n'est pas recommandé d'ingérer l'argile rouge.

L'argile jaune

L'argile jaune est conseillée pour les peaux normales ainsi que pour les peaux grasses et très sensibles. Elle constitue également un excellent traitement pour les cheveux normaux et fragiles.

Cette argile aide aussi à combattre les douleurs musculaires et articulatoires. Elle stimule l'organisme, le débarrasse de ses toxines et le tonifie efficacement.

On trouve surtout l'argile jaune en tube prête à l'emploi. Il n'est pas recommandé d'ingérer ce produit.

L'argile rose

L'argile rose est recommandée pour les peaux délicates, sensibles ou marquées de rougeurs. Sa couleur rose provient d'un mélange fait d'argile rouge et d'argile blanche.

C'est un produit qui adoucit la peau et lui redonne tout son éclat. Il possède également des propriétés émollientes.

On trouve l'argile rose surtout en tube prête à l'emploi. Il n'est pas recommandé de l'ingérer.

Utiliser l'argile

Chez certains individus, on peut constater, au début d'un traitement à l'argile, une aggravation de l'affection, particulièrement au moment de l'application sur la peau. Ce genre de réaction est tout à fait normal puisque l'organisme travaille pour assimiler le remède. On doit persister dans le traitement afin d'obtenir les résultats désirés.

Si jamais l'aggravation persiste plus d'une semaine environ, il convient de diminuer la fréquence du traitement et la dose d'argile utilisée. Toutefois, dans la très grande majorité des cas, l'argile est bénéfique et agit efficacement sans effets secondaires indésirables.

Avant d'utiliser l'argile par voie interne, il faut l'appliquer sur la peau pendant quelque temps afin d'habituer le corps à ce nouveau remède (voir aussi les précautions énumérées à la page suivante).

L'argile en usage interne

Précautions à prendre avant d'utiliser l'argile par voie interne

L'argile en usage interne est déconseillée aux personnes souffrant d'occlusion intestinale, de constipation chronique ou d'hernie.

Au début d'une cure, l'argile a tendance à constiper légèrement, mais ce désagrément disparaît rapidement. Si vous souffrez de constipation, ne buvez que l'eau argileuse (voir la recette à la page 28) sans les dépôts jusqu'à ce que la constipation disparaisse. Les personnes souffrant de constipation chronique ne doivent pas consommer l'argile par voie orale.

On doit également s'abstenir de consommer l'argile par voie orale pendant un traitement homéopathique ou médical afin de ne pas le perturber.

De même, on doit éviter tout usage interne de l'argile dans les deux semaines qui suivent la prise d'huile de paraffine. La paraffine a pour effet de provoquer le durcissement de l'argile dans le tube digestif; ainsi, elle provoquerait la formation de petites boules difficiles à éliminer.

Il est déconseillé de consommer l'argile pendant la grossesse et l'allaitement, de même que pendant les règles.

Enfin, les personnes souffrant d'hypertension artérielle ne doivent pas ingérer d'argile, sauf sur l'avis d'un médecin.

À part les contre-indications présentées dans l'encadré ci-dessus, la consommation de l'argile ne pose aucun problème, quoique son goût puisse déplaire à certaines personnes. Lorsqu'elle est ingérée, l'argile ne traite pas seulement le malaise précis qui a mené à son ingestion, elle agit aussi sur tous les organes du corps qui en ont besoin.

La consommation d'argile aide à éliminer les toxines, à neutraliser les poisons et les virus en purifiant le sang et en augmentant le nombre de globules rouges. De plus, l'argile a des vertus spectaculaires pour guérir les problèmes digestifs et intestinaux. Elle fournit au corps de nombreux minéraux et permet une meilleure utilisation des substances nutritives.

Il n'est pas nécessaire de consommer une grande quantité d'argile pour récolter tous ses bienfaits : à peine 5 ml chaque matin suffisent.

L'eau argileuse (voir la recette à la page 28), aussi appelée « lait d'argile », constitue la façon idéale d'utiliser cette substance par voie interne. Le meilleur moment pour boire ce liquide est le matin, au lever. Lorsqu'on commence un traitement à l'argile, on ne boit que l'eau argileuse (sans les dépôts d'argile) pour les 2 ou 3 premières semaines. Ensuite, on peut boire l'eau et les dépôts, à moins d'indication contraire.

On peut utiliser l'argile en usage interne continu pendant de très longues périodes, en la prenant 3 semaines par mois suivi d'un arrêt de 1 semaine. La meilleure période pour entamer une cure est le printemps ou l'automne.

Il faut toujours se servir d'un contenant en verre ou en céramique pour verser ou entreposer l'argile ; le cristal, le plastique et le métal ne sont pas recommandés. Comme l'argile perd beaucoup de ses vertus au contact du métal, il convient également de s'abstenir d'utiliser tout instrument métallique pour mélanger les préparations.

Comme nous l'avons mentionné, au début de la cure argileuse, on doit laisser retomber les dépôts au fond du verre et ne boire que l'eau. Après 2 semaines, si on ne présente aucun signe de paresse intestinale, on peut avaler l'eau et les dépôts après avoir bien mélangé la préparation. Par contre, s'il y a paresse intestinale, il faut en tout temps laisser ces dépôts au fond du verre et ne boire que l'eau.

Une cure à l'eau argileuse guérit bien des maux internes ; elle est aussi bénéfique pour traiter les affections de la peau comme l'acné, l'eczéma ou le psoriasis, conjointement avec l'application de l'argile sur la peau.

Cette cure permet également de nettoyer le système et apporte à l'organisme bon nombre de minéraux et d'éléments essentiels à la santé du corps. Bref, on n'a pas besoin d'être malade ou de souffrir de quelques maux que ce soit pour entreprendre un traitement à l'eau argileuse !

De fait, l'argile a la grande qualité d'être un remède intelligent, c'est-à-dire qu'elle s'attaque à ce qui ne va pas dans le corps en épargnant ce qui va bien.

Dans la partie sur les préparations à l'argile, nous indiquons, en plus de l'application pour usage externe, lorsque la cure à l'eau argileuse est conseillée.

Eau argileuse

- de 5 ml à 10 ml d'argile verte ou grise, en poudre fine
- de 250 ml à 300 ml d'eau froide

Versez l'argile en poudre dans le verre, puis ajoutez l'eau froide. Mélangez le tout avec une cuillère de bois et laissez reposer de 10 à 20 minutes avant de boire la préparation.

Aide-mémoire

- Commencer la cure au printemps ou à l'automne;
- Prendre l'eau l'argileuse le matin au lever, à jeun;
- Poursuivre pendant 21 jours continus, puis cesser pendant 7 jours;
- Faire le traitement en suivant les indications prescrites, selon les maux à soigner;
- Répéter la cure de 2 à 4 fois par année, s'il y a lieu.

L'argile en usage externe

Précautions à prendre pour utiliser l'argile par voie externe

Il faut éviter de procéder à plusieurs applications de cataplasmes ou de compresses en même temps. Dans les cas où des applications à différents endroits sont nécessaires, il convient d'alterner l'application sur les zones à traiter et de respecter un intervalle de 1 à 2 heures, selon les indications, entre chacune des applications.

À noter également qu'il ne faut jamais appliquer de cataplasmes ou de compresses d'argile pendant les règles ou s'il y a infection des voies urinaires ou utérines.

Il est important de jeter l'argile après usage. On ne la réutilise jamais, car elle contient des toxines et des impuretés. Il est primordial de laver au savon et à l'eau chaude les toiles, les bandes et les bandages dont on s'est servi pour les cataplasmes ou les compresses. On doit bien les rincer et les faire sécher avant de les réutiliser.

Autre restriction : il ne faut jamais appliquer l'argile sur le ventre, la poitrine et les reins 1 heure avant ou après les repas.

Enfin, lorsqu'un traitement à l'argile est commencé, il faut éviter de l'interrompre afin de ne pas le contrecarrer ou de retarder les effets bénéfiques pour le corps.

Pour toutes les préparations contenant de l'argile, il est essentiel de toujours utiliser un contenant en verre ou en céramique (le cristal, le plastique et le métal sont à proscrire) ainsi qu'une cuillère de bois. L'argile perd beaucoup de ses vertus au contact du métal; ne vous servez donc jamais d'instruments ou de bocaux métalliques pour mélanger vos préparations destinées aux applications externes d'argile.

La durée d'application des cataplasmes et des compresses varie selon les cas. Si vous ressentez des sensations désagréables de froid, de chaleur ou de douleur, retirez le cataplasme ou la compresse et attendez de 12 à 24 heures avant de tenter une autre application.

Les cataplasmes et les compresses d'argile doivent sécher lentement. Si l'argile sèche rapidement, il faut remplacer le plus tôt possible la compresse ou le cataplasme et ajouter, cette fois, un peu plus d'eau à la préparation.

Lorsqu'on retire le cataplasme ou la compresse, on rince la zone traitée à l'eau tiède ou froide en enlevant tout résidu d'argile sur la peau.

Le rythme des applications varie évidemment selon les affections à traiter et les réactions du corps au traitement. Lorsque vous entreprenez un traitement à l'argile en appliquant des compresses ou des cataplasmes, débutez par de minces couches argileuses et augmentez leur épaisseur à mesure que vous avancez dans le traitement.

La compresse et le cataplasme peuvent être appliqués chaud ou froid, selon l'affection à traiter. Par exemple, dans le cas d'une inflammation ou d'une zone congestionnée, la température froide est tout à fait appropriée. On appliquera de l'argile chaude pour revitaliser et tonifier une partie du corps.

Le meilleur moyen de chauffer une préparation à l'argile est de la placer au soleil, ou tout près d'un radiateur, ou encore de la déposer dans un bain-marie. Faire chauffer l'eau avant de la mélanger à l'argile est aussi une solution efficace. Mais attention ! n'utilisez jamais d'eau bouillante.

Lorsque vous préparez une compresse ou un cataplasme, il est important de respecter les quantités et le temps d'application recommandés. Suivez bien les instructions selon le traitement à effectuer ; autrement, l'argile pourrait causer de fortes réactions. Rappelez-vous : une petite quantité d'argile suffit amplement pour que votre corps profite de tous ses bienfaits.

Évitez d'interrompre un traitement à l'argile avant d'avoir obtenu les résultats escomptés, c'est-à-dire jusqu'à ce que la guérison soit complète. Même si les résultats tardent à venir, ne désespérez pas.

La compresse

Pour préparer une compresse, ajoutez de l'eau à l'argile de manière à obtenir une eau argileuse assez épaisse, et remuez bien. Trempez-y ensuite un morceau de toile de coton blanc afin de l'imbiber complètement de cette préparation. Égouttez le linge en le tordant légèrement et appliquez-le doucement sur la zone voulue en pressant légèrement. Ensuite, recouvrez la compresse d'un bandage élastique (ou d'une gaze) afin de la maintenir en place.

Gardez cette compresse pendant quelques heures ou toute une nuit ; au besoin, ajustez sa température (doit-elle rester chaude, tiède ou froide ?). Dans la partie sur les préparations à base d'argile de ce livre, nous indiquons clairement la durée et la température de la compresse, selon le problème à traiter.

Le cataplasme

Sur une surface plane, posez une pièce de toile de coton blanc un peu plus large que la partie à traiter.

On peut remplacer la toile par une feuille de chou, notamment si le cataplasme doit rester longtemps en place ou s'il est appliqué sur une région sensible ou enflée.

Évitez d'utiliser une matière imperméable puisque l'argile doit sécher (lentement) et ne pas conserver trop d'humidité pendant l'application. Avec une spatule ou une cuillère en bois (nous vous rappelons que le métal et le plastique sont à proscrire), étalez une couche d'argile assez épaisse, de 0,5 cm à 2 cm, sur le support choisi, puis maintenez ce dernier en place avec un bandage élastique (ou une gaze).

L'argile doit toucher directement la peau pour qu'elle puisse vous prodiguer tous ses bienfaits, mais si la région à traiter est très sensible, vous pouvez placer un tissu très léger entre elle et votre corps. Pour le cataplasme, on utilise environ 1 part d'argile pour ¾ de part d'eau. Le mélange doit être assez liquide afin que vous puissiez l'appliquer en fines couches.

Lorsque vous appliquez des cataplasmes, commencez par une fine couche ; après quelques applications, augmentez-en graduellement l'épaisseur.

Le cataplasme doit rester en place quelques heures, voire toute la nuit, et peut être chaud, tiède ou froid, selon le cas et les indications prescrites pour chaque traitement. Dans la partie sur les préparations à base d'argile de ce livre, nous indiquons clairement la durée et la température du cataplasme, selon le problème à traiter.

Les masques

Pour concocter un masque servant à soigner ou à embellir, déposez de l'argile en poudre dans un bol de verre ou de céramique et ajoutez-y de l'eau pour obtenir une pâte lisse et onctueuse. Il est préférable de verser peu d'eau à la fois puisqu'il est plus facile de liquéfier un mélange que de l'épaissir.

Étendez cette préparation, en couche mince, sur tout le visage ou sur les zones précises que vous voulez traiter, et laissez-la agir de 5 à 30 minutes, selon la nature du traitement. Ensuite, rincez-la à l'eau, en frottant doucement.

Le masque d'argile sur le visage ne doit être effectué qu'une fois par semaine, à moins d'indication contraire. Vous pouvez également appliquer localement cette préparation sur des boutons, des rides ou des verrues, ou sur le front et la nuque, pour soigner un mal de tête par exemple. Suivez bien les indications, les doses et le temps prescrits afin d'obtenir les meilleurs résultats.

Le poudrage

L'argile blanche en poudre fine peut remplacer le talc pour les bébés.

De plus, le fait de saupoudrer le corps d'argile fine avant le massage accroît l'efficacité de ce dernier. On peut aussi la saupoudrer sur les plaies cutanées, qu'elles soient superficielles ou profondes, afin de les nettoyer, de les aseptiser et de favoriser la cicatrisation. Cette méthode peut s'appliquer à différentes affections de la peau comme les crevasses, l'eczéma, les ulcères bénins, les éruptions de boutons ou de plaques.

Vous pouvez déposer l'argile dans un contenant de type salière à gros trous pour faciliter son application.

Le bain

Les bains à l'eau argileuse sont bénéfiques pour soulager, guérir et apaiser le corps. Selon les usages, les quantités d'argile et le temps de « trempage » varient. Les bains à l'eau argileuse peuvent aussi s'appliquer localement, par exemple pour baigner un membre endolori ou pour désinfecter une plaie.

Lorsque vous videz votre bain d'eau argileuse, placez un linge de coton mince comme filtre dans le renvoi pour récupérer l'argile afin qu'elle ne s'accumule pas dans votre tuyauterie. Jetez l'argile ainsi récoltée.

Deuxième partie

Préparations à base d'argile pour les maux de tous les jours

L'argile appliquée au quotidien

Vous trouverez dans les pages qui suivent différentes applications possibles à l'argile. Pour faciliter l'utilisation de ce guide, nous avons placé les thèmes par ordre alphabétique.

Abcès

Compresse contre les abcès

- de 20 ml à 45 ml d'argile verte ou grise, en poudre fine
- eau
- 10 gouttes d'huile essentielle de thym ou de citron
- un petit morceau de coton blanc

Mélangez l'argile et l'huile essentielle, puis ajoutez l'eau jusqu'à ce que vous obteniez une eau argileuse assez épaisse. Trempez-y le coton blanc, égouttez-le doucement et appliquez-le sur l'abcès. Maintenez-le en place à l'aide d'un bandage. Changez la compresse dès qu'elle devient chaude. La lésion peut sembler s'aggraver au début du traitement; en réalité, c'est probablement le signe que l'argile agit et désinfecte la zone traitée. Continuez le traitement pendant plusieurs jours et vous verrez l'abcès disparaître.

Rince-bouche antiabcès

- 30 ml d'argile verte ou blanche
- 30 ml de sel de mer fin, gris ou blanc
- 250 ml d'eau froide

Mélangez ensemble tous les ingrédients. Gargarisez-vous plusieurs fois par jour avec cette préparation. Poursuivez ce traitement jusqu'à la guérison complète.

Acné

En plus d'un traitement de 3 mois à l'eau argileuse par voie interne (voir à la page 28), il existe des préparations à appliquer sur le visage lorsqu'on souffre d'acné. Utilisez l'argile verte si votre peau est très grasse et l'argile blanche si elle a tendance à sécher. Les masques pour peaux acnéiques doivent être appliqués 1 ou 2 fois par semaine, jusqu'à ce que l'acné disparaisse.

Masque nettoyant

- 30 ml d'argile verte ou blanche, en poudre fine
- 5 gouttes d'huile essentielle de camomille
- eau froide

Mélangez l'argile et l'huile essentielle, puis ajoutez un peu d'eau jusqu'à l'obtention d'une pâte légère et onctueuse. Appliquez une couche épaisse de cette préparation sur le visage et les zones où il y a des boutons ou des marques d'acné (cou, dos, etc.). Laissez agir de 15 à 20 minutes, ou jusqu'à ce que le masque soit sec, puis rincez à l'eau tiède.

Masque purifiant

- 60 ml d'argile verte ou blanche, en poudre fine
- 15 ml d'huile de jojoba
- 10 ml de vinaigre de cidre
- eau

Mélangez l'argile, l'huile essentielle et le vinaigre, puis ajoutez un peu d'eau jusqu'à l'obtention d'une pâte légère et onctueuse. Appliquez une couche épaisse de cette préparation sur le visage. Laissez agir de 15 à 20 minutes, ou jusqu'à ce que le masque soit sec, puis rincez à l'eau tiède.

Gommage pour peaux acnéiques

- 15 ml d'argile verte, en poudre ou concassée
- 15 ml de gruau d'avoine
- 5 ml d'eau froide
- de 5 ml à 10 ml de miel liquide
- 5 gouttes d'huile essentielle de citron ou de lavande

Mélangez tous les ingrédients pour former une pâte épaisse qui se tient bien. Ajoutez du miel, au besoin. Appliquez cette préparation sur le visage en faisant de petits mouvements circulaires. Laissez agir pendant une vingtaine de minutes. Rincez à l'eau tiède, puis appliquez un tonique qui convient à votre type de peau. Ne faites ce gommage qu'une fois par semaine, au plus.

Anémie

Suivez la cure d'eau argileuse (voir à la page 28) pendant 3 semaines, puis prenez une pause pendant 7 jours, et recommencez la cure. Faites ce traitement pendant 3 mois pour ressentir une amélioration générale marquée. Buvez l'eau argileuse (sans les dépôts) le midi, avec le repas, à raison de 5 ml à 10 ml dans 250 ml d'eau environ.

Consultez un médecin afin d'obtenir son avis sur votre état de santé et pour savoir si la cure d'eau argileuse est pour vous.

Angine

Suivez la cure d'eau argileuse (voir à la page 28) pendant 3 semaines, puis faites une pause pendant 7 jours, et recommencez la cure. Poursuivez ce traitement pendant 3 mois.

Ce faisant, appliquez le cataplasme suivant sur la région de la gorge et du torse, de 2 à 6 fois par jour, pendant 3 à 7 jours, selon votre état.

Cataplasme de chou et d'argile

- de 30 ml à 60 ml d'argile verte ou grise, en poudre fine
- eau chaude (mais pas bouillante)
- de 3 à 6 feuilles de chou

Froissez les feuilles de chou afin de les rendre plus malléables et déposez-les sur une surface plane en les défroissant. Mélangez l'argile et l'eau de manière à former une pâte onctueuse. Assurez-vous de préparer assez de pâte pour couvrir la zone à traiter. Ajustez les quantités d'argile et d'eau au besoin. Étendez la préparation sur les feuilles de chou, puis appliquez-les sur la gorge et le torse. Maintenez-les en place à l'aide d'un bandage. Gardez le cataplasme 1 heure. Répétez l'application toutes les 2 heures ; espacez l'intervalle entre les applications lorsque vous sentez une nette amélioration.

Consultez un médecin afin d'obtenir son avis sur votre état de santé et de savoir si la cure d'eau argileuse par voie interne est pour vous.

Arthrite et arthrose

Consultez un médecin avant d'entreprendre ce traitement à l'argile.

En plus d'appliquer un cataplasme sur les zones douloureuses, suivez la cure d'eau argileuse (voir à la page 28) pendant 3 semaines, puis faites une pause pendant 7 jours, et reprenez la cure. Poursuivez ce traitement durant 6 mois.

Cataplasme antidouleur

- de 30 ml à 60 ml d'argile blanche, grise ou verte, en poudre fine
- eau froide
- de 10 à 20 gouttes d'huile essentielle de thym ou de clou de girofle
- de 3 à 6 feuilles de chou

Froissez les feuilles de chou afin de les rendre plus malléables et déposez-les sur une surface plane en les défroissant. Mélangez l'argile, l'huile essentielle et l'eau de manière à obtenir une pâte onctueuse. Assurez-vous de préparer assez de pâte pour couvrir la zone à traiter. Ajustez les quantités d'argile et d'eau, au besoin. Étendez la préparation sur les feuilles de chou, puis appliquez-les sur les zones douloureuses. Maintenez-les en place à l'aide d'un bandage. Laissez agir 2 heures. Répétez l'application de 1 à 3 fois par jour. Diminuez la fréquence des applications à mesure que la douleur s'atténue. Poursuivez le traitement pendant au moins 6 mois pour observer une disparition quasi complète de la douleur.

Articulations douloureuses

(*voir* Arthrite et arthrose)

Asthme

Cataplasme à l'argile

- de 30 ml à 60 ml d'argile blanche, grise ou verte, en poudre fine
- eau chaude (mais pas bouillante)
- 10 gouttes d'huile essentielle d'eucalyptus
- toile de coton blanc

Déposez la toile sur une surface plane. Mélangez l'argile et l'eau de manière à former une pâte onctueuse. Assurez-vous de préparer assez de pâte pour couvrir la zone à traiter. Ajustez les quantités d'eau et d'argile, au besoin. Ajoutez l'huile essentielle à la préparation et mélangez bien. Étendez la pâte sur la toile, puis appliquez-la sur la gorge et le torse en la maintenant en place à l'aide d'un bandage. Gardez le cataplasme durant 1 heure. Répétez l'application aux 2 heures. Espacez l'intervalle entre les applications lorsque vous sentez une amélioration marquée. Poursuivez les applications pendant 5 à 10 jours pour obtenir de bons résultats.

Consultez un médecin si votre état ne s'améliore pas après 3 jours. Ce traitement à l'argile ne remplace pas un traitement médical.

Ballonnements

Pendant toute une semaine, consommez l'eau argileuse (voir à la page 28) chaque matin, sans toutefois boire les dépôts. Ensuite, pendant une autre semaine, buvez un verre d'eau argileuse, avec les dépôts cette fois. Répétez ce traitement au besoin. L'argile aide à supprimer les gaz et active la digestion en évitant la fermentation responsable des ballonnements et des gaz.

Des cataplasmes à l'argile verte et à l'eau tiède sur le ventre peuvent aussi aider à calmer les gaz intestinaux.

Bébés/enfants

Il est déconseillé de traiter un bébé avec de l'argile par voie interne ou externe (à l'exception du talc pour bébés; voir ci-dessous), sauf sur l'avis d'un médecin. Les enfants de plus de 3 ans peuvent recevoir des applications d'argile sur la peau. Il est toutefois recommandé de couvrir la peau de l'enfant d'une gaze sur laquelle vous appliquerez une pâte onctueuse faite d'argile blanche et d'eau. N'appliquez que des couches très minces et ne laissez pas l'argile plus de 30 minutes sur la peau d'un enfant de moins de 10 ans.

Les enfants de 10 ans et plus peuvent être traités à l'argile en application externe, comme les adultes. L'usage de l'argile par voie interne chez un enfant de plus de 10 ans requiert la supervision d'un médecin.

Talc pour bébés

L'argile blanche en poudre ultra-fine peut remplacer le talc pour poudrer les fesses de bébé. C'est sans danger, car c'est une argile douce qui ne provoque pas de réactions allergiques. Évidemment, procurez-vous une argile blanche de qualité. Vous pouvez déposer l'argile dans un contenant de type salière à gros trous pour faciliter son application.

Nettoyez bien les fesses de bébé avant d'appliquer une petite quantité d'argile à chaque changement de couche.

L'argile blanche absorbe les bactéries, les toxines et l'humidité. Si les fesses de bébé présentent une légère irritation au début des applications, poursuivez néanmoins encore quelques jours et tout devrait rentrer dans l'ordre. Consultez un médecin si la situation ne s'améliore pas après 5 à 7 jours.

Bronchite

(*voir* Asthme)

Bursite/tendinite

Cataplasme antidouleur

- 60 ml d'argile blanche, en poudre fine
- de 10 à 20 gouttes d'huile essentielle d'arbre à thé (*tea tree*)
- eau chaude (mais pas bouillante)
- de 3 à 6 feuilles de chou

Froissez les feuilles de chou afin de les rendre plus malléables et déposez-les sur une surface plane en les défroissant. Mélangez l'argile, l'huile essentielle et l'eau jusqu'à l'obtention d'une pâte onctueuse. Étendez la pâte sur les feuilles de chou et appliquez-les sur l'entorse ou la foulure en les maintenant en place à l'aide d'un bandage. Gardez le cataplasme jusqu'à ce qu'il soit chaud et changez-le immédiatement. Répétez l'application toutes les 2 heures ou jusqu'à ce que la douleur disparaisse.

Bain antidouleur

- 100 ml d'argile blanche, en poudre
- de 5 à 10 gouttes d'huile essentielle de clou de girofle
- 4 litres d'eau tiède

Délayez la poudre d'argile blanche dans l'eau tiède. Ajoutez l'huile essentielle et mélangez bien. Baignez la partie douloureuse dans cette eau argileuse pendant 10 à 20 minutes en agitant l'eau de temps en temps. Faites ce bain de 3 à 6 fois par jour. Poursuivez le traitement jusqu'à ce que la douleur disparaisse.

Brûlure

- argile verte, en poudre fine
- eau
- gaze

En cas de brûlures graves, consultez immédiatement un médecin.

Pour les brûlures superficielles, commencez par saupoudrer la zone brûlée avec de l'argile verte, en fine poudre. Recouvrez la partie saupoudrée d'une gaze, puis appliquez par-dessus une pâte onctueuse composée d'argile verte et d'eau. Renouvelez l'application toutes les heures. Si la gaze colle à la peau, laissez-la en place entre les renouvellements et appliquez chaque fois la pâte d'argile par-dessus. Au début, la zone atteinte peut sembler se dégrader, mais, en réalité, ce signe est la preuve que l'argile agit et désinfecte la brûlure.

Pour les brûlures aux mains ou aux pieds, trempez le membre atteint dans un petit bain d'eau froide (contenant de 2 à 4 litres d'eau), pendant 1 heure, agrémentée d'une bonne quantité d'argile verte en poudre de manière à obtenir un liquide assez épais. Répétez l'opération jusqu'à six fois par jour, en prenant une pause d'au moins 1 heure entre chaque bain jusqu'à ce que la sensation de chaleur et la douleur disparaissent, et que la peau commence à se régénérer. Continuez les bains en espaçant l'intervalle entre chacun à mesure que l'apparence de la peau s'améliore.

Cellulite et rétention d'eau

(*voir aussi* Circulation)

Bain anticellulite

- de 150 ml à 250 ml d'argile blanche, en poudre fine
- de 50 ml à 100 ml de sel de mer

Délayez la poudre d'argile blanche et le sel de mer dans l'eau tiède de votre bain. Baignez-vous dans cette eau argileuse pendant 10 à 20 minutes. Faites ce traitement 1 ou 2 fois par semaine, pendant quelques mois, et vous constaterez une nette amélioration de l'apparence de votre peau.

Bain anticellulite aromatisé

- de 150 ml à 300 ml d'argile blanche, en poudre fine
- 10 gouttes d'huile essentielle de romarin
- 10 gouttes d'huile essentielle de pamplemousse
- 10 gouttes d'huile essentielle de thym

Délayez la poudre d'argile blanche dans l'eau tiède de votre bain et ajoutez les huiles essentielles en remuant avant de vous y plonger. Baignez-vous dans cette eau pendant 10 à 20 minutes. Massez les parties touchées pour activer la circulation. Faites ce traitement 1 ou 2 fois par semaine pendant quelques mois. Vous noterez que l'apparence de la cellulite s'atténuera nettement.

Masque corporel anticellulite

- 60 ml d'argile verte, blanche ou grise, en poudre fine
- de 30 ml à 60 ml d'eau d'hamamélis
- 30 ml de yogourt nature
- 4 gouttes d'huile essentielle de cyprès
- 4 gouttes d'huile essentielle de genièvre

Mélangez l'argile, le yogourt et les huiles essentielles en ajoutant de l'eau d'hamamélis pour obtenir une pâte onctueuse. Avant d'appliquer cette préparation, passez au gant de crin les zones à traiter sous la douche et asséchez-les bien. Appliquez ensuite la pâte sur les zones touchées et laissez agir pendant 20 minutes, jusqu'à ce que la préparation soit sèche. Rincez sous la douche tiède, puis froide, et frottez doucement en faisant de petits mouvements circulaires. N'utilisez pas de savon. Séchez-vous et enfilez un vêtement qui ne colle pas à la peau. N'appliquez aucune crème ni aucune huile dans les 12 à 18 heures suivant le traitement. Renouvelez ce masque corporel tous les 10 ou 15 jours, jusqu'à ce que la cellulite disparaisse. Cela peut prendre des mois, mais soyez patientes mesdames, le résultat en vaut le coup!

Cheveux

Shampooing à l'argile

- 30 ml d'argile verte, en poudre fine
- 10 gouttes d'huile essentielle de bois de rose
- 250 ml d'eau chaude

Mélangez l'argile et l'huile essentielle, puis ajoutez l'eau chaude. Mêlez bien. Appliquez cette préparation sur le cuir chevelu en massant doucement, puis étendez ce qui reste sur toute la chevelure. Recouvrez d'une serviette humide et d'un bonnet de plastique. Laissez agir 10 minutes. Rincez à l'eau tiède, asséchez et peignez.

Shampooing sec

- 30 ml d'argile blanche ou verte, en poudre fine

Saupoudrez l'argile sur le cuir chevelu et laissez agir 5 minutes. Brossez ensuite les cheveux plusieurs fois afin d'éliminer tout le produit. L'argile absorbe les impuretés et les odeurs. Le seul inconvénient, c'est qu'elle peut laisser une légère teinte dans les cheveux.

Revitalisant

- 30 ml d'argile verte, en poudre fine
- 15 ml de jus de citron

Mélangez la poudre d'argile verte avec le jus de citron, puis enduisez vos cheveux de cette préparation pour leur redonner corps et brillance.

Gardez pendant 1 heure ou durant toute la nuit avant de rincer à l'eau froide.

Préshampooing brillance

- 30 ml d'argile verte, en poudre fine
- 15 ml de jus de citron
- 15 ml d'huile d'olive

Mélangez bien les ingrédients. Enduisez vos cheveux de cette préparation, puis recouvrez-les d'une serviette humide et d'un bonnet de plastique. Laissez agir pendant 1 heure. Rincez à l'eau tiède, puis procédez à votre shampooing habituel. Vos cheveux seront doux et brillants.

Masque capillaire

- de 60 ml à 120 ml d'argile verte ou blanche, en poudre fine
- de 30 ml à 60 ml de jus de citron
- eau chaude

Mélangez le jus de citron et l'argile, puis ajoutez l'eau jusqu'à l'obtention d'une pâte onctueuse. Appliquez cette préparation sur les cheveux en couche épaisse, en partant des racines jusqu'aux pointes. Recouvrez la tête d'une serviette humide et d'un bonnet de plastique. Laissez agir 20 minutes. Rincez vos cheveux à l'eau tiède, puis lavez-les avec un shampooing doux.

Cheveux gras

Masque capillaire

- 45 ml d'argile verte, en poudre fine
- 30 ml d'eau
- 1 jaune d'œuf

Mélangez bien tous les ingrédients de manière à obtenir une pâte onctueuse. Ajustez les quantités, au besoin. Appliquez cette préparation sur votre cuir chevelu en évitant les pointes si elles sont sèches. Recouvrez la tête d'une serviette humide et d'un bonnet de plastique. Laissez agir 20 minutes. Rincez et faites un shampooing doux. Cette préparation est efficace pour lutter contre l'excès de sébum.

Masque capillaire aromatisé

- 60 ml d'argile verte, en poudre fine
- 30 ml d'huile d'olive
- 2 gouttes d'huile essentielle de thym

Mélangez la poudre d'argile, l'huile d'olive et l'huile essentielle. Appliquez cette préparation sur les cheveux, des racines jusqu'aux pointes. Recouvrez la tête d'une serviette humide et d'un bonnet de plastique. Laissez agir environ 30 minutes. Rincez à l'eau tiède, puis faites un shampooing doux.

Masque capillaire citronné

- 60 ml d'argile verte, en poudre fine
- 30 ml de jus de citron
- 2 gouttes d'huile essentielle d'arbre à thé (*tea tree*)

Mélangez la poudre d'argile, le jus de citron et l'huile essentielle. Appliquez cette préparation sur le cuir chevelu. Recouvrez la tête d'une serviette humide et d'un bonnet de plastique. Laissez agir environ 30 minutes. Rincez à l'eau tiède, puis faites un shampooing doux.

Masque capillaire brillance

- de 60 ml à 120 ml d'argile verte ou blanche, en poudre fine
- de 30 ml à 60 ml de jus de citron
- de 30 ml à 60 ml de vinaigre de cidre
- 5 gouttes d'huile essentielle de sauge
- eau chaude

Mélangez l'argile, le jus de citron, le vinaigre et l'huile essentielle. Ajoutez l'eau jusqu'à l'obtention d'une pâte onctueuse. Appliquez sur les cheveux en couche épaisse, des racines jusqu'aux pointes. Recouvrez la tête d'une serviette humide et d'un bonnet de plastique. Laissez agir pendant 20 minutes. Rincez à l'eau tiède, puis faites un shampooing doux.

Cheveux secs

(dévitalisés, fragiles, colorés, permanentés)

Masque capillaire hydratant

- 60 ml d'argile verte, en poudre fine
- 15 ml de vinaigre de cidre
- 30 ml de jus de citron
- de 5 à 10 gouttes d'huile essentielle de sauge

Mélangez bien les ingrédients jusqu'à l'obtention d'une pâte onctueuse ; ajuster les quantités, au besoin. Appliquez la préparation en couche épaisse sur la chevelure, des racines jusqu'aux pointes. Recouvrez la tête d'une serviette humide et d'un bonnet de plastique. Laissez agir de 10 à 15 minutes. Dans la douche, enlevez le plus possible de mélange argileux à la main, puis rincez les cheveux à l'eau tiède. Lavez ensuite vos cheveux avec un shampooing doux. Faites ce traitement 2 ou 3 fois par semaine, pendant 3 semaines, puis diminuez les applications à 1 ou 2 fois par semaine. Vous aurez des cheveux doux, brillants et plus épais.

Masque capillaire revitalisant

- 60 ml d'argile verte, en poudre fine
- 25 ml de jus de citron
- 10 gouttes d'huile essentielle de rosier muscat

Mélangez les ingrédients de manière à obtenir une pâte onctueuse; ajuster les quantités, au besoin. Appliquez cette préparation en couche épaisse sur toute la chevelure, des racines jusqu'aux pointes. Recouvrez la tête d'une serviette humide et d'un bonnet de plastique. Laissez agir de 10 à 15 minutes. Rincez les cheveux à l'eau tiède. Faites ce traitement 2 ou 3 fois par semaine pendant 3 semaines, puis diminuez les applications à 1 fois par semaine pour redonner brillance et santé à vos cheveux.

Chute de cheveux

Masque capillaire

- 60 ml d'argile blanche, en poudre fine
- 15 ml de vinaigre de cidre
- 30 ml de jus de citron
- 5 gouttes d'huile essentielle de romarin

Mélangez bien les ingrédients de manière à obtenir une pâte onctueuse; ajuster les quantités, au besoin. Appliquez cette préparation en couche épaisse sur le cuir chevelu, puis jusqu'aux pointes, en massant bien. Recouvrez la tête d'une serviette humide et d'un bonnet de plastique. Laissez agir de 10 à 15 minutes. Rincez les cheveux à l'eau tiède. Faites ce traitement 1 ou 2 fois par semaine, pendant 3 semaines, puis diminuez les applications à 1 seule fois hebdomadairement. Au début du traitement, la perte de cheveux peut être plus grande que d'habitude parce que l'argile débarrasse le cuir chevelu des racines faibles et abîmées. Après quelque temps, toutefois, vous noterez une nette amélioration.

Circulation

(*voir aussi* Cellulite et rétention d'eau)

Pour activer votre circulation sanguine, pour l'oxygéner ou pour diminuer la rétention d'eau, on recommande de faire une cure à l'eau argileuse (voir à la page 28) pendant 3 mois (n'oubliez pas qu'après chaque tranche de 3 semaines de traitement, il faut faire une pause de 7 jours).

Colites

Pour soulager les douleurs reliées aux colites, et même pour les faire disparaître définitivement, on recommande de faire une cure à l'eau argileuse (voir à la page 28) pendant une période de 3 à 5 mois (n'oubliez pas qu'après chaque tranche de 3 semaines de traitement, il faut faire une pause de 7 jours). Consommez l'eau argileuse sans les dépôts, 2 fois par jour, avec les repas du midi et du soir.

En association avec cette cure, appliquez un cataplasme à l'argile, blanche ou grise, 2 ou 3 fois par semaine, pour aider à soulager la douleur et accélérer la guérison.

Congestion des sinus

Masque décongestionnant

- de 15 ml à 30 ml d'argile blanche
- eau chaude (mais pas bouillante)
- 10 gouttes d'huile essentielle d'eucalyptus OU 5 gouttes d'huile essentielle de thym

Mélangez l'argile, l'huile essentielle de votre choix et l'eau chaude jusqu'à l'obtention d'une pâte lisse et ferme. Étendez la pâte sur le nez, les joues, le front et la gorge. Gardez le masque entre 20 minutes et 1 heure, selon le niveau de confort.

Répétez l'application toutes les 2 heures et espacez l'intervalle entre les applications à mesure que vous vous sentez mieux. Poursuivez le traitement jusqu'à ce que vous soyez complètement décongestionné. Mouchez-vous abondamment entre chaque application et buvez beaucoup d'eau.

Constipation

Pour soigner une constipation occasionnelle, on recommande de faire une cure à l'eau argileuse (voir à la page 28) pendant 4 à 8 semaines. Après chaque tranche de 3 semaines de traitement, faites une pause de 7 jours. Consommez l'eau argileuse sans les dépôts le matin au lever. Buvez beaucoup d'eau dans la journée et avant de vous coucher.

Des tisanes laxatives peuvent aussi compléter ce traitement si la constipation persiste.

Si vous ne constatez aucune amélioration après 2 semaines de traitement, cessez la cure à l'eau argileuse et appliquez plutôt des cataplasmes d'argile verte sur le ventre pendant 1 heure, 4 fois par jour, et consultez un médecin. Continuez à prendre des tisanes laxatives.

Convalescence

(*voir* Fatigue)

Crampes musculaires

Compresse pour soulager les crampes musculaires

- de 15 ml à 30 ml d'argile verte ou grise, en poudre fine
- de 5 à 15 ml d'eau d'hamamélis
- 5 gouttes d'huile essentielle de clou de girofle
- 250 ml d'eau environ
- un petit morceau de coton blanc
- un bandage de type élastique

Dans un contenant de verre épais, déposez l'argile et l'huile essentielle, versez l'eau d'hamamélis et ajoutez de l'eau jusqu'à ce que vous obteniez une eau argileuse assez épaisse. Trempez-y le coton blanc, égouttez-le doucement, puis appliquez-le sur la zone douloureuse. Maintenez-le en place à l'aide du bandage pendant 1 heure environ. Changez la compresse dès qu'elle devient chaude ; laissez passer 1 heure entre chaque application.

Poursuivez le traitement jusqu'à ce que la douleur disparaisse complètement. Changez le coton pour chacune des applications : ne retrempez jamais un coton utilisé dans la préparation puisqu'il est gorgé de toxines.

Bain décontractant

- 250 ml d'argile blanche, en poudre fine
- 10 gouttes d'huile essentielle de lavande
- 45 ml d'eau de rose ou de fleur d'oranger

Délayez la poudre d'argile blanche dans l'eau tiède de votre bain, puis ajoutez les huiles essentielles et l'eau parfumée en remuant avant de vous y plonger. Baignez-vous dans cette eau pendant 10 à 20 minutes en l'agitant de temps en temps. Rincez bien votre corps sous la douche avant de vous sécher.

Dermatoses

(eczéma, herpès, psoriasis)

Il est recommandé de faire une cure à l'eau argileuse (voir à la page 28) pendant 3 semaines pour soigner ces affections de la peau. Le matin au lever, buvez cette eau sans les dépôts.

Durant ce traitement, appliquez également des cataplasmes d'argile et d'huile d'olive sur la peau.

Cataplasme d'argile et d'huile d'olive

- 30 ml d'argile verte, blanche ou rouge, en poudre fine
- de 5 ml à 15 ml d'huile d'olive pressée à froid ou d'huile d'amande douce
- 3 gouttes d'huile essentielle de géranium
- 3 gouttes d'huile essentielle de camomille
- 3 gouttes d'huile essentielle de cajeput
- un morceau de coton blanc

Vous pouvez doubler ou tripler les quantités de cette préparation si la zone à traiter est très grande. Si vous désirez soigner plusieurs zones cutanées, n'effectuez l'application que sur une zone à la fois. Laissez passer 1 heure entre les applications sur chacune des zones.

Prenez une toile de coton blanc plus grande que la zone à traiter et déposez-la sur une surface plane. Mélangez l'argile, l'huile d'olive (ou d'amande douce) et les huiles essentielles de manière à obtenir une pâte lisse et assez épaisse. Étendez la pâte avec une spatule de bois sur la toile. Appliquez le cataplasme sur la zone à traiter et maintenez-le en place à l'aide d'un bandage. Laissez-le ainsi pendant 1 heure. Répétez l'application toutes les 2 heures et espacez l'intervalle entre les applications lorsque vous notez une nette amélioration de cette zone de la peau. Poursuivez ce traitement pendant au moins 5 à 7 jours. Rincez à l'eau tiède et appliquez une crème hydratante neutre (sans parfum) ou de l'huile d'amande douce après chaque application.

Digestion

Pour assainir et rééquilibrer le système digestif, on recommande la cure à l'eau argileuse (voir à la page 28) pendant une période de 3 à 5 mois, à raison de 1 semaine d'arrêt après 3 semaines de traitement. Consommez l'eau argileuse sans les dépôts 2 fois par jour, avec les repas du midi et du soir.

Dos/mal de dos

(*voir aussi* Arthrite et arthrose)

Cataplasme antidouleur

- de 30 ml à 60 ml d'argile blanche, grise ou verte, en poudre fine
- 5 gouttes d'huile essentielle d'arbre à thé (*tea tree*)
- 5 gouttes d'huile essentielle de clou de girofle
- eau froide
- de 3 à 6 feuilles de chou

Froissez les feuilles de chou afin de les rendre plus malléables, puis déposez-les sur une surface plane en les défroissant. Mélangez l'argile, les huiles essentielles et l'eau de manière à former une pâte onctueuse. Assurez-vous d'en concocter suffisamment pour couvrir la zone à traiter. Ajustez les quantités d'argile et d'eau, au besoin. Étendez la pâte sur les feuilles de chou et appliquez-les sur le dos douloureux en les maintenant en place à l'aide d'un bandage. Gardez le cataplasme jusqu'à ce qu'il soit chaud et changez-le immédiatement. Répétez l'application jusqu'à la disparition de la douleur.

Eczéma

(*voir* Dermatoses)

Enfants

(*voir* Bébés/enfants)

Engelures

Cataplasme antiengelure

- de 30 ml à 60 ml d'argile blanche, grise ou verte, en poudre fine
- eau froide
- de 3 à 6 feuilles de chou

Froissez les feuilles de chou pour les rendre plus malléables et déposez-les sur une surface plane en les défroissant. Mélangez l'argile et l'eau de manière à obtenir une pâte onctueuse. Assurez-vous d'en faire suffisamment pour couvrir la zone à traiter. Ajustez les quantités d'argile et d'eau, au besoin. Étendez la pâte sur les feuilles de chou et appliquez-les sur les engelures. Au besoin, maintenez-les en place à l'aide d'un bandage. Laissez ce cataplasme agir pendant 30 minutes. Répétez ce traitement 2 ou 3 fois par jour. Appliquez une crème riche en vitamine E entre chaque application. Poursuivez ces soins pendant au moins 3 jours.

Si vous désirez traiter plusieurs zones, appliquez le cataplasme en alternance d'une zone à l'autre, en laissant 1 heure d'attente entre chaque application.

Entorse/foulure

(*voir aussi* Bursite/tendinite)

Cataplasme antidouleur

- de 30 ml à 60 ml d'argile blanche, grise ou verte, en poudre fine
- eau froide
- de 3 à 6 feuilles de chou

Froissez les feuilles de chou afin de les rendre malléables et déposez-les sur une surface plane en les défroissant. Mélangez l'argile et l'eau de manière à obtenir une pâte onctueuse. Assurez-vous de préparer suffisamment de pâte pour couvrir la zone à traiter. Ajustez les quantités d'argile et d'eau, au besoin. Étendez la préparation sur les feuilles de chou et appliquez-les sur l'entorse ou la foulure. Maintenez-les en place à l'aide d'un bandage. Gardez le cataplasme jusqu'à ce qu'il soit chaud et alors changez-le immédiatement. Répétez l'application jusqu'à la guérison complète.

Estomac

(*voir* Digestion et Ulcère d'estomac)

Fatigue

Une cure à l'eau argileuse (voir à la page 28) pendant une période de 3 mois, à raison de 1 semaine d'arrêt après 3 semaines de traitement, est tout à fait recommandée pour retrouver votre énergie. Buvez cette eau sans les dépôts le matin, au lever.

L'argile débarrasse le corps de ses toxines et lui apporte les minéraux et les éléments nécessaires à sa vitalité. Associez cette cure énergisante à l'absorption quotidienne de jus et de fruits riches en vitamine C pour la rendre encore plus efficace.

Fièvre

Cataplasme rafraîchissant

- 100 ml d'argile blanche, en poudre fine
- eau glacée
- débarbouillette

Mélangez l'argile et l'eau glacée de manière à obtenir une pâte onctueuse. Appliquez la pâte sur une débarbouillette et placez celle-ci sur le front et la nuque, en alternance. Changez le cataplasme dès qu'il devient chaud. Poursuivez le traitement jusqu'à ce que la fièvre diminue.

Foulure

(*voir* Entorse/foulure)

Gerçure

Compresse nourrissante

- 60 ml d'argile verte ou grise, en poudre fine
- 15 ml de jus de citron

- 15 ml d'huile d'olive
- eau froide
- morceau de coton blanc

Mélangez l'argile, le jus de citron et l'huile. Ajoutez l'eau froide peu à peu, jusqu'à ce que vous obteniez une eau argileuse assez épaisse. Trempez-y un petit morceau de coton blanc, égouttez-le doucement, puis appliquez-le sur la zone gercée. Maintenez-le en place à l'aide d'un bandage. Changez la compresse dès qu'elle devient chaude. Continuez le traitement jusqu'à ce que la peau se régénère et que les gerçures disparaissent complètement. Si la situation semble s'aggraver au début, poursuivez néanmoins le traitement, car cela signale que l'argile travaille à désinfecter et à aseptiser la plaie.

Gastroentérite

Une cure à l'eau argileuse (voir à la page 28), à raison de 5 ml d'argile verte ou grise dans un verre d'eau 3 ou 4 fois par jour, pendant 3 à 5 jours, aidera votre organisme à se rééquilibrer et en éliminera toutes les toxines.

Pour soulager les crampes au ventre et accélérer la guérison, appliquez sur le ventre un cataplasme froid composé d'argile verte et d'eau glacée. Faites ce traitement de 2 à 4 fois par jour, jusqu'à la guérison complète.

Gaz

(*voir* Ballonnements)

Gorge

(*voir* Maux de gorge)

Grippe

(*voir* Congestion des sinus, Fièvre et Rhume)

Hémorroïdes

Pour traiter les hémorroïdes, il est conseillé de faire une cure à l'eau argileuse, à raison de 5 ml d'argile verte ou grise dans un verre d'eau 3 fois par jour, pendant 2 à 3 semaines ou jusqu'à ce que la douleur et l'enflure disparaissent.

Avec la cure, prenez un bain chaque soir dans lequel vous aurez ajouté 250 ml d'argile blanche, en poudre fine.

Herpès

(*voir* Dermatoses)

Hépatiques/troubles

Pour traiter les troubles du foie, il est tout à fait indiqué de procéder à une cure à l'eau argileuse. Pour ce faire, chaque matin au lever, buvez un verre d'eau dans lequel vous aurez versé 5 ml d'argile verte ou grise. Poursuivez ce traitement pendant 3 mois, à raison de 1 semaine d'arrêt après 3 semaines de cure.

L'eau argileuse vous aidera à rééquilibrer les fonctions de votre corps et à en éliminer toutes les toxines.

Hypertension

Une cure à l'eau argileuse, à raison de 5 ml d'argile verte ou grise dans un verre d'eau chaque matin au lever, 2 jours par semaine pendant 3 semaines, est tout à fait recommandée pour rééquilibrer la tension artérielle. Consultez votre médecin avant d'entreprendre cette cure.

Hypotension

Une cure à l'eau argileuse, à raison de 5 ml d'argile verte ou grise dans un verre d'eau chaque matin au lever, pendant 3 mois (après chaque tranche de 3 semaines de traitement, cessez la cure pendant 1 semaine, puis reprenez-la pendant 3 semaines, et ainsi de suite), est tout à fait recommandée pour rééquilibrer la tension artérielle. Consultez votre médecin avant d'entreprendre cette cure.

Insolation

(*voir* Fièvre)

Intoxication alimentaire

Pour activer l'élimination des toxines et des poisons de votre organisme, il est conseillé d'effectuer une cure à l'eau argileuse. Pour ce faire, matin et soir, buvez un verre d'eau auquel vous aurez ajouté 5 ml d'argile verte ou grise. Poursuivez ce traitement pendant 10 à 21 jours, selon la gravité de l'intoxication. Si vous ne constatez aucune amélioration après 7 jours de cure, consultez un médecin.

Intestins/troubles

(*voir* Constipation et Digestion)

Maux de gorge

Cataplasme de chou et d'argile

- de 30 ml à 60 ml d'argile verte ou grise, en poudre fine
- eau chaude (mais pas bouillante)
- de 3 à 6 feuilles de chou

Froissez les feuilles de chou afin de les rendre malléables et déposez-les sur une surface plane en les défroissant. Mélangez l'argile et l'eau de manière à obtenir une pâte onctueuse. Assurez-vous de préparer assez de pâte pour couvrir la zone à traiter. Ajustez les quantités d'argile et d'eau, au besoin. Étendez la préparation sur les feuilles de chou et appliquez-les sur la gorge et le torse. Maintenez-les en place à l'aide d'un bandage. Gardez ce cataplasme pendant 1 heure. Répétez l'application toutes les 2 heures et espacez l'intervalle entre les applications lorsque vous constatez une nette amélioration de votre état. Poursuivez les applications jusqu'à la guérison complète.

Rince-bouche

- 5 ml de sel de mer gris
- 5 ml d'argile verte ou blanche, en poudre fine
- un verre d'eau froide

Versez le sel de mer et l'argile dans le verre d'eau froide et brassez bien. Gargarisez-vous plusieurs fois par jour avec cette préparation jusqu'à la guérison complète.

Migraines/maux de tête

Masque antimigraine

- de 60 ml à 100 ml d'argile blanche, en poudre fine
- 10 ml d'eau d'hamamélis
- 2 gouttes d'huile essentielle de romarin
- eau froide
- débarbouillette humide et froide

Mélangez l'argile, l'eau d'hamamélis et l'huile essentielle, puis ajoutez de l'eau froide jusqu'à l'obtention d'une pâte lisse. Appliquez la pâte sur le front et la nuque, en alternance, et recouvrez-les d'une débarbouillette humide et froide. Laissez agir de 15 à 30 minutes, ou jusqu'à ce que le masque soit chaud. Rincez à l'eau froide. Répétez l'application 2 ou 3 fois par jour, en changeant la débarbouillette chaque fois.

Ménopause/bouffées de chaleur

Bain tiède apaisant

- de 100 ml à 250 ml d'argile blanche, en poudre fine
- 5 gouttes d'huile essentielle de lavande

Délayez la poudre d'argile blanche et l'huile essentielle dans l'eau chaude de votre bain. Baignez-vous dans cette eau pendant 10 à 20 minutes. Faites ce traitement 2 ou 3 fois par semaine pour apaiser les effets des bouffées de chaleur. Poursuivez le traitement, au besoin.

Névralgie

Cataplasme antidouleur

- argile verte ou grise, en poudre fine
- eau chaude (mais pas bouillante)
- de 3 à 6 feuilles de chou

Froissez les feuilles de chou afin de les rendre malléables, puis déposez-les sur une surface plane en les défroissant. Mélangez l'argile et l'eau de manière à obtenir une pâte onctueuse. Assurez-vous de préparer suffisamment de pâte pour couvrir la zone à traiter. Étendez cette préparation sur les feuilles de chou et appliquez-les sur les zones névralgiques. Maintenez-les en place à l'aide d'un bandage. Gardez le cataplasme pendant 1 heure. Répétez l'application toutes les 2 heures; espacez l'intervalle entre les applications lorsque vous sentez une amélioration marquée. Poursuivez les applications jusqu'à ce que la douleur disparaisse.

Obésité

Bain amincissant

- de 150 ml à 250 ml d'argile blanche, en poudre fine
- 5 gouttes d'huile essentielle de marjolaine
- 5 gouttes d'huile essentielle de lavande
- 5 gouttes d'huile essentielle de mandarine
- 5 gouttes d'huile essentielle de menthe poivrée

Délayez la poudre d'argile blanche dans l'eau tiède de votre bain, puis ajoutez les huiles essentielles en remuant bien avant de vous y plonger. Baignez-vous dans cette eau pendant 20 à 30 minutes, 3 ou 4 fois par semaine.

Odeurs corporelles

(*voir aussi* Transpiration excessive)

Saupoudrez quotidiennement les parties du corps concernées avec de l'argile blanche. Pour faciliter le saupoudrage, versez la poudre d'argile dans un contenant de type salière à gros trous. L'argile a pour effet d'absorber les odeurs et l'humidité de la peau.

Peaux/tous les types de peau

Masque tonique

- 30 ml d'argile blanche ou verte, en poudre fine
- 30 ml de lait
- 5 ml d'huile de noisette

Mélangez l'argile et le lait. Ajoutez l'huile de noisette et mélangez de nouveau. Appliquez cette préparation sur la peau et laissez-la ainsi pendant 20 à 30 minutes. Rincez à l'eau tiède, puis tapotez la peau du visage avec un peu d'eau froide afin de la raffermir et d'en resserrer les pores.

Masque revitalisant express

- 15 ml d'argile verte, grise ou blanche, en poudre fine
- 2 gouttes d'huile essentielle de citron
- eau

Mélangez l'argile et l'huile essentielle, puis ajoutez de l'eau de manière à obtenir une pâte lisse et épaisse. Appliquez cette préparation sur le visage et laissez-la agir de 5 à 10 minutes. Rincez à l'eau tiède.

Masque teint éclatant

- 60 ml d'argile verte ou blanche, en poudre fine
- 2 jaunes d'œufs
- de 5 ml à 15 ml de jus de citron

Mélangez l'argile et les jaunes d'œufs, puis ajoutez le jus de citron afin d'obtenir une pâte onctueuse. Appliquez cette préparation sur le visage et laissez-la sécher complètement avant de rincer à l'eau tiède.

Masque purifiant

- 15 ml de levure
- eau froide
- 15 ml de miel liquide
- 15 ml d'argile verte
- 30 ml de yogourt nature

Laissez gonfler la levure dans un peu d'eau froide pendant 20 à 30 minutes, à la chaleur. Lorsque la levure est gonflée, ajoutez le miel, l'argile et le yogourt. Mélangez le tout de manière à obtenir une pâte onctueuse. Appliquez cette préparation sur le visage et laissez-la agir une dizaine de minutes. Rincez à l'eau froide pour resserrer les pores de la peau.

Peaux grasses

Masque nettoyant

- de 15 ml à 30 ml d'argile verte, en poudre fine
- un peu d'eau tiède
- de 3 à 6 gouttes d'huile essentielle de citron ou de pamplemousse

Mélangez tous les ingrédients de manière à obtenir une pâte épaisse. Appliquez cette préparation sur le visage en évitant les lèvres et le contour des yeux. Gardez ce masque pendant 20 minutes, puis rincez-le à l'eau tiède. Répétez 1 ou 2 fois par semaine, aussi longtemps que cela est nécessaire.

Masque tonique

- 15 ml d'argile verte ou grise, en poudre fine
- eau tiède
- 10 gouttes d'huile essentielle de lavande

Mélangez tous les ingrédients de manière à former une pâte lisse. Appliquez ce masque sur le visage et gardez-le de 15 à 20 minutes. Rincez à l'eau tiède. Faites ce traitement 1 ou 2 fois par semaine, aussi longtemps que cela est nécessaire.

Masque purifiant

- 60 ml d'argile verte, en poudre fine
- huile de noisette

Ajoutez l'huile de noisette à l'argile de manière à obtenir une pâte onctueuse. Appliquez cette préparation sur le visage et laissez-la agir pendant 20 minutes. Rincez à l'eau tiède.

Masque rosé

- 20 ml d'argile blanche, en poudre fine
- 20 ml d'argile rouge, en poudre fine
- 40 ml d'huile de noisette
- 20 ml d'eau de rose

OU

- 20 ml d'argile rose, en tube prête à l'emploi
- 25 ml d'huile de noisette
- 10 ml d'eau de rose

Mélangez l'une ou l'autre série d'ingrédients de manière à obtenir une pâte onctueuse. Appliquez cette préparation sur le visage et laissez-la agir pendant 20 minutes. Rincez à l'eau tiède.

Masque antigras

- 15 ml de miel liquide
- 15 ml de jus de citron
- 30 ml d'argile verte, en poudre
- 10 gouttes d'huile essentielle de thym

Mélangez tous les ingrédients de manière à obtenir une pâte onctueuse. Appliquez cette préparation sur le visage et laissez-la agir pendant 20 minutes. Rincez à l'eau tiède.

Tonique pour peaux grasses

- de 10 ml à 15 ml d'argile blanche, en poudre fine
- de 60 ml à 100 ml d'eau de rose
- 3 gouttes d'huile essentielle de benjoin

Versez les ingrédients dans un contenant vaporisateur en verre. Ajustez les quantités de manière à obtenir un mélange très liquide. Agitez le mélange avant d'en asperger la peau du visage. Ce tonique est particulièrement efficace après l'application d'un masque d'argile.

Gommage pour peaux grasses

- 15 ml de poudre d'amande
- 15 ml d'argile verte, en poudre ou concassée
- 5 ml d'eau froide
- de 5 ml à 10 ml de miel liquide
- 5 gouttes d'huile essentielle de citron ou de lavande

Mélangez tous les ingrédients pour former une pâte épaisse qui se tient bien. Ajoutez du miel, au besoin. Appliquez cette préparation sur le visage et laissez-la agir pendant une vingtaine de minutes. Rincez à l'eau tiède, puis appliquez un tonique qui convient à votre type de peau. Ne faites pas ce gommage plus d'une fois par semaine.

Lotion démaquillante pour peaux grasses

- 15 ml de jus de pomme ou d'orange pur et naturel, sans agents de conservation
- 15 ml de lait

- 15 ml d'argile grise, en poudre fine
- 5 ml d'huile de noisette

Mélangez tous les ingrédients en ajustant les quantités, au besoin, pour obtenir une préparation assez liquide mais qui a une certaine substance. Appliquez cette lotion délicatement sur tout le visage en faisant de petits mouvements circulaires pour enlever toute trace de maquillage, puis rincez à l'eau tiède. Répétez cette opération jusqu'à ce que la peau soit débarrassée de tout maquillage. Vous obtiendrez une peau lisse et fraîche. Cette lotion peut être appliquée quotidiennement.

Peaux mixtes

Masque nettoyant

- 30 ml d'argile blanche, en poudre fine
- 1 jaune d'œuf
- 30 ml de fromage en crème blanc

Mélangez tous les ingrédients de manière à obtenir une pâte onctueuse. Appliquez cette préparation sur le visage et laissez-la agir de 15 à 30 minutes. Rincez à l'eau tiède.

Masque purifiant

- 45 ml d'argile blanche, en poudre fine
- 15 ml de jus de poire
- 15 ml de yogourt nature
- 15 ml d'huile de noisette

Mélangez tous les ingrédients de manière à obtenir une pâte lisse. Appliquez ce masque sur le visage et laissez-le agir pendant 20 minutes. Rincez à l'eau tiède.

Masque relaxant

- 45 ml d'argile verte, rose ou blanche, en poudre fine
- 2 gouttes d'huile essentielle de lavande

Mélangez l'argile et l'huile essentielle afin d'obtenir une pâte onctueuse. Appliquez cette préparation sur le visage et laissez-la agir de 5 à 15 minutes. Rincez à l'eau tiède. Appliquez une crème adoucissante pour peaux mixtes.

Masque aux quatre couleurs

- argile verte, en tube prête à l'emploi
- argile rouge, en tube prête à l'emploi

- argile rose, en tube prête à l'emploi
- argile jaune, en tube prête à l'emploi

Appliquez l'argile verte sur les zones les plus grasses de votre visage. Appliquez ensuite l'argile rouge sur les parties plus sèches, l'argile jaune sur les parties les plus sensibles et, enfin, pour le contour des yeux, l'argile rose. Laissez sécher complètement, puis rincez à l'eau tiède en frottant doucement.

Crème adoucissante pour peaux mixtes

- 15 ml d'argile blanche, en poudre fine
- de 30 ml à 60 ml d'huile d'olive ou d'huile de noisette
- 3 gouttes d'huile essentielle de citron ou de pamplemousse
- eau froide

Utilisez l'huile d'olive si votre peau est sèche, et l'huile de noisette si elle est plutôt grasse.

Mélangez les ingrédients de manière à obtenir une pâte lisse et ferme. Appliquez doucement cette préparation sur le visage, le soir au coucher. Laissez agir toute la nuit. Le matin, vous pouvez rincer si la texture de la crème sur votre peau vous incommode.

Cette crème est efficace pour atténuer les irrégularités de la peau et pour adoucir les zones sèches sans « engraisser » les zones plus grasses.

Peaux sèches

Masque teint éclatant

- 75 ml d'argile blanche, en poudre fine
- 15 ml de jus de carotte
- 15 ml d'huile d'amande douce

Mélangez les ingrédients de manière à obtenir une pâte onctueuse ; ajustez les quantités, au besoin. Appliquez cette préparation sur le visage et laissez-la agir pendant 15 minutes. Rincez à l'eau tiède.

Masque tonifiant

- 60 ml d'argile blanche, en poudre
- la purée d'un avocat
- huile d'amande douce

Mélangez l'argile et la purée d'avocat, puis ajoutez de l'huile d'amande douce jusqu'à l'obtention d'une pâte onctueuse. Appliquez cette préparation sur le visage et laissez-la agir pendant 15 minutes. Rincez à l'eau tiède.

Masque revitalisant

- 60 ml d'argile blanche, en poudre
- la purée d'une banane
- huile d'amande douce

Mélangez l'argile et la purée de banane, puis ajoutez l'huile d'amande douce jusqu'à l'obtention d'une pâte onctueuse. Appliquez cette préparation sur le visage et laissez-la agir pendant 15 minutes. Rincez à l'eau tiède.

Crème adoucissante et hydratante

- 15 ml d'argile blanche ou rouge, en poudre fine
- de 30 ml à 60 ml d'huile d'olive

Mélangez l'argile et l'huile d'olive de manière à obtenir une crème lisse et épaisse. Appliquez doucement cette préparation sur le visage, le soir au coucher. Laissez agir toute la nuit. Le matin, vous pouvez rincer votre visage si la texture de la crème sur votre peau vous incommode.

Cette crème est efficace pour atténuer les irrégularités de la peau. Elle adoucit les peaux sèches et répare les peaux abîmées.

Tonique hydratant

- 10 gouttes d'huile essentielle de bois de rose
- 10 gouttes d'huile essentielle de palmarosa
- de 20 ml à 40 ml d'huile d'amande douce
- 10 ml d'argile blanche, en poudre fine

Versez les ingrédients dans un contenant vaporisateur en verre. Agitez le mélange avant d'en asperger la peau du visage. Ce tonique est particulièrement efficace après l'application d'un masque d'argile pour peaux sèches.

Lotion démaquillante pour peaux sèches

- 15 ml de jus de pomme pur et naturel, sans agents de conservation
- 15 ml de lait
- 15 ml d'argile grise, en poudre fine
- 5 ml d'huile d'amande douce

Mélangez tous les ingrédients de manière à obtenir une préparation assez liquide mais qui a une certaine substance ; ajustez les quantités, au besoin. Appliquez délicatement cette lotion sur tout le visage en faisant de petits mouvements circulaires pour enlever toute trace de maquillage. Rincez à l'eau tiède. Répétez le nettoyage jusqu'à ce que la peau soit débarrassée de tout maquillage. Vous obtiendrez une peau lisse et fraîche. Cette lotion peut être appliquée quotidiennement.

Bain adoucissant

- 60 ml d'argile rouge, en tube prête à l'emploi
- 10 gouttes d'huile essentielle de lavande
- 50 ml d'huile d'olive
- 1 litre d'eau chaude
- un peu d'huile de pépins de raisins ou d'amande douce

Mélangez l'argile, l'huile essentielle et l'huile d'olive dans le litre d'eau chaude. Ajoutez cette préparation à l'eau chaude de votre bain. Baignez-vous dans cette eau pendant 10 à 20 minutes. Rincez-vous ensuite sous la douche. Avant de vous sécher, appliquez sur votre corps de l'huile de pépins de raisins ou de l'huile d'amande douce. Répétez de 2 à 4 fois par semaine, au besoin.

Pellicules

Masque capillaire désinfectant

- de 50 ml à 100 ml d'argile verte ou blanche, en poudre fine
- 30 ml d'huile d'amande douce
- 5 gouttes d'huile essentielle de thym
- 5 gouttes d'huile essentielle de citron
- 5 gouttes d'huile essentielle d'arbre à thé (*tea tree*)

Mélangez l'huile d'amande douce et les huiles essentielles. Ajoutez ensuite l'argile en petites quantités, en mélangeant bien, jusqu'à l'obtention d'une pâte lisse et épaisse. Appliquez ce masque sur le cuir chevelu en couche épaisse. Recouvrez la tête d'une serviette humide, puis d'un bonnet de plastique. Laissez agir de 30 minutes à 1 heure. Rincez les cheveux, puis lavez-les avec un shampooing doux. Répétez ce traitement de 1 à 3 fois par semaine, jusqu'à ce que les pellicules disparaissent.

Piqûres d'insectes

Masque local contre les démangeaisons

- 30 ml d'argile blanche ou grise, en poudre fine
- 2 gouttes d'huile essentielle de citronnelle
- 2 gouttes d'huile essentielle de lavande
- eau

Mélangez l'argile et les huiles essentielles, puis ajoutez l'eau de manière à obtenir une pâte lisse et épaisse. Appliquez ce masque en petites quantités sur les piqûres et laissez-le agir de 20 à 30 minutes. Rincez et répétez, au besoin.

Plaie

Nettoyant

- 15 ml d'argile verte, en poudre fine
- eau chaude
- 5 gouttes d'huile essentielle de lavande

Mélangez l'argile et l'eau de manière à obtenir une pâte assez liquide, puis ajoutez l'huile essentielle de lavande. Rincez la plaie avec cette préparation, puis appliquez le masque désinfectant (voir ci-dessous).

Masque désinfectant

- argile verte ou blanche, en poudre fine
- eau tiède

Mélangez une petite quantité d'argile verte ou blanche avec de l'eau de manière à obtenir une pâte lisse et ferme. Ajustez les quantités selon la grandeur de la plaie. Appliquez cette préparation sur la plaie et un peu autour d'elle. Recouvrez d'une gaze stérile et laissez agir pendant 1 heure. Retirez ensuite le bandage et rincez la plaie à l'eau. Répétez l'application jusqu'à la guérison complète. Au début du traitement, la plaie pourra sembler s'aggraver, mais ce ne sera en fait qu'un signe que l'argile la désinfecte et la nettoie. Persévérez dans le traitement jusqu'à la guérison complète.

Psoriasis

(*voir* Dermatoses)

Règles douloureuses

(douleurs menstruelles)

Bain chaud apaisant

- de 100 ml à 250 ml d'argile blanche, en poudre fine
- 5 gouttes d'huile essentielle de lavande
- 5 gouttes d'huile essentielle de romarin

Délayez la poudre d'argile blanche et les huiles essentielles dans l'eau chaude de votre bain. Baignez-vous dans cette eau pendant 10 à 20 minutes. Faites ce traitement chaque jour pendant vos règles pour apaiser la douleur et activer l'élimination du flux menstruel.

Rétention d'eau

(*voir* Circulation et Cellulite et rétention d'eau)

Rhume

(*voir aussi* Congestion des sinus)

Pour soigner le rhume, la cure à l'eau argileuse (voir à la page 28) est tout indiquée. Buvez 3 fois par jour (avec les repas) un verre d'eau auquel vous aurez ajouté 5 ml d'argile verte ou grise. Faites ce traitement durant 5 à 7 jours, ou jusqu'à la guérison complète.

Masque antirhume

- de 15 ml à 30 ml d'argile blanche
- eau chaude (mais pas bouillante)
- 3 gouttes d'huile essentielle d'eucalyptus
- 3 gouttes d'huile essentielle de clou de girofle
- 3 gouttes d'huile essentielle de lavande
- 3 gouttes d'huile essentielle de menthe poivrée
- 3 gouttes d'huile essentielle de thym

Si vous n'avez pas toutes ces huiles essentielles sous la main, utilisez-en seulement quelques-unes en ajustant les quantités de manière à obtenir 15 gouttes d'huile essentielle au total.

Mélangez l'argile, les huiles essentielles et l'eau chaude jusqu'à l'obtention d'une pâte lisse et ferme. Étendez la pâte sur les ailes du nez, le front et la gorge. Gardez le masque de 20 minutes à 1 heure, selon votre niveau de confort. Répétez l'application toutes les 2 heures et espacez l'intervalle entre les applications à mesure que vous vous sentez mieux. Poursuivez le traitement jusqu'à ce que vous soyez complètement guéri. Mouchez-vous abondamment entre chaque application et buvez beaucoup d'eau.

Rhumatismes

(*voir* Arthrite et arthrose)

Rides

Masque antirides

- 30 ml d'argile verte
- 30 ml d'huile de maïs

Mélangez l'argile et l'huile de maïs de manière à former une pâte lisse. Appliquez cette préparation, en petites quantités, sur le visage et sur les rides autour des yeux. Gardez ce masque de 15 à 20 minutes, ou jusqu'à ce qu'il soit sec, puis rincez à l'eau tiède. Asséchez délicatement la peau à l'aide d'une serviette, puis attendez 30 minutes avant d'appliquer une crème ou du maquillage.

Masque contour des yeux

- 60 ml d'argile blanche, en poudre fine
- eau de rose OU eau de bleuet

Ajoutez l'eau fruitée à l'argile jusqu'à l'obtention d'une pâte onctueuse. Appliquez cette préparation autour des yeux et sur les paupières. Gardez les yeux fermés et laissez agir 10 minutes, puis rincez à l'eau tiède. Vous pouvez ensuite appliquer votre crème antirides préférée.

Masque purifiant et antirides

- 15 ml d'argile blanche ou rouge, en poudre fine
- le zeste d'un citron
- le jus d'un citron
- 1 jaune d'œuf
- 25 ml de gruau d'avoine ou de farine de blé entier

Déposez l'argile dans un bol, puis ajoutez le jus et le zeste de citron. Mélangez pour faire mousser la préparation. Ajoutez le jaune d'œuf et mélangez, puis incorporez le gruau ou la farine en brassant. Appliquez cette préparation sur le visage en faisant de petits mouvements circulaires. Laissez agir de 20 à 30 minutes, puis rincez à l'eau tiède.

Ce masque est efficace pour atténuer l'apparence des rides et pour redonner à la peau tout son éclat. On l'applique 1 ou 2 fois par semaine, au besoin.

Seins/poitrine

Masque raffermissant

- 50 ml d'argile rouge, en poudre fine
- 50 ml d'argile blanche, en poudre fine
- 2 gouttes d'huile essentielle de romarin
- 2 gouttes d'huile essentielle de myrrhe
- 2 gouttes d'huile essentielle de lavande
- eau

Vous pouvez remplacer l'argile rouge, l'argile blanche et l'eau par 100 ml d'argile rose, en tube prête à l'emploi.

Mélangez les argiles et les huiles essentielles, puis ajoutez l'eau de manière à obtenir une pâte onctueuse. Appliquez cette préparation sur les seins et laissez-la agir pendant 20 minutes ou jusqu'à ce qu'elle soit sèche. Rincez sous la douche.

Sinusite

(*voir* Congestion des sinus)

Stress

(*voir* Fatigue)

Surmenage

(*voir* Fatigue)

Transpiration excessive

(*voir aussi* Odeurs corporelles)

Bain d'argile et de sel marin

- 100 ml d'argile blanche, en poudre fine
- 100 ml de sel marin, gris ou blanc

Délayez complètement le sel dans l'eau du bain, puis ajoutez l'argile et remuez. Baignez-vous dans cette eau pendant 15 à 30 minutes, 2 ou 3 fois par semaine.

Bain de pieds

- 50 ml d'argile blanche, en poudre fine
- 10 gouttes d'huile essentielle de cyprès
- 2 litres d'eau chaude

Versez l'argile et l'huile essentielle dans l'eau et remuez de manière à les diluer. Faites tremper vos pieds dans cette eau pendant 15 minutes, chaque soir. Après quelques traitements, vous devriez noter une nette amélioration.

Poudrage des pieds

- un peu d'argile blanche, en poudre fine
- un contenant de type salière à gros trous

Versez l'argile dans le contenant et saupoudrez vos pieds de ce «talc» avant d'enfiler vos chaussettes et vos chaussures. L'argile blanche a la propriété d'absorber les odeurs. Assurez-vous de nettoyer vos pieds à la fin de la journée pour éliminer l'argile qui est gorgée de toxines.

Toux

Cataplasme à l'argile et à la moutarde

- 100 ml d'argile blanche, grise ou verte, en poudre fine
- 50 ml de moutarde sèche
- 2 gouttes d'huile essentielle d'eucalyptus
- 2 gouttes d'huile essentielle de menthe poivrée
- 2 gouttes d'huile essentielle de clou de girofle
- 2 gouttes d'huile essentielle de benjoin
- eau chaude (mais pas bouillante)
- toile de coton blanc

Déposez la toile sur une surface plane. Mélangez l'argile, la moutarde sèche et l'eau afin d'obtenir une pâte lisse. Ajoutez les huiles essentielles et mélangez. Avec une spatule de bois, étendez la pâte sur la toile et appliquez celle-ci sur la gorge et le torse. Maintenez-la en place à l'aide d'un bandage. Gardez le cataplasme pendant 1 heure. Répétez l'application toutes les 2 heures et espacez l'intervalle entre les applications lorsque vous sentez une nette amélioration de votre état. Poursuivez les applications jusqu'à ce que la toux cesse.

Ulcère de la bouche

Rince-bouche antiseptique

- 30 ml d'argile grise ou blanche, en poudre fine
- 30 ml de sel de mer gris ou blanc, fin
- 250 ml d'eau froide

Versez l'argile et le sel de mer dans l'eau froide et brassez. Gargarisez-vous plusieurs fois par jour avec cette préparation. Poursuivez ce traitement jusqu'à la guérison complète.

Ulcère d'estomac

Pour soulager la douleur des ulcères d'estomac et les guérir, une cure à l'eau argileuse (voir à la page 28), pendant 3 mois, est recommandée. Consommez l'eau argileuse sans les dépôts, le matin au lever. Au début de la cure, les ulcères peuvent être plus douloureux, mais après 3 semaines, la douleur s'atténuera pour disparaître complètement ensuite. Il est important de faire la cure à l'eau argileuse pendant au moins 3 mois pour une guérison complète. Vous pouvez répéter cette cure dès que vous sentez que les ulcères d'estomac réapparaissent.

Ulcère sur la peau

(*voir* Plaie)

Varice

N'appliquez jamais d'argile sur des varices. En revanche, une cure à l'eau argileuse (voir à la page 28), pendant 3 mois, peut grandement aider à les atténuer.

Ventre/maux de

(*voir* Colites)

Verrue

Compresse antiverrue

- de 5 ml à 10 ml d'argile verte ou grise, en poudre fine
- eau froide
- 5 gouttes d'huile essentielle de citron

- 5 gouttes d'huile essentielle d'arbre à thé (*tea tree*)
- un petit morceau de coton blanc
- un contenant de verre épais

Dans un contenant de verre épais, déposez l'argile et les huiles essentielles, puis ajoutez l'eau jusqu'à l'obtention d'une eau argileuse assez épaisse. Trempez-y le coton blanc, égouttez-le doucement et appliquez-le sur la verrue. Maintenez-le en place à l'aide d'un bandage. Changez la compresse dès qu'elle devient chaude. Continuez le traitement jusqu'à ce que la verrue disparaisse.

Table des matières

Deuxième partie

Préparations à base d'argile pour les maux de tous les jours